Aktuelle Aspekte der Ernährung von Kindern in Deutschland. Diätetische Maßnahmen bei ADHS-Patienten

Kristina Bergmann

Bibliografische Information der Deutschen Nationalbibliothek:

Die Deutsche Nationalbibliothek verzeichnet diese Publikation in der Deutschen Nationalbibliografie; detaillierte bibliografische Daten sind im Internet über http://dnb.d-nb.de abrufbar.

ISBN: 9783656906872
Dieses Buch ist auch als E-Book erhältlich.

AKTUELLE ASPEKTE DER ERNÄHRUNG VON KINDERN IN DEUTSCHLAND.
DIÄTETISCHE MAßNAHMEN BEI ADHS-PATIENTEN

VORGELEGT VON:

KRISTINA BERGMANN

INHALT

1. Aktuelle Aspekte

1.1 Die Ernährung von Kindern in Deutschland

1.1.1...Lebensmittelverzehr von Kindern

In der EsKiMo-Studie (Ernährungsstudie als KiGGS-Modul) wurde das derzeitige Ernährungsverhalten von 6- bis 17-jährigen Kindern und Jugendlichen im Rahmen des Kinder- und Jugendgesundheitssurvey (KiGGS) des Robert-Koch-Instituts und der Universität Paderborn evaluiert (Mensink *et al.* 2007). Im Folgenden soll erörtert werden, inwieweit die übliche Ernährung von Kindern zur ADHS-Problematik beitragen kann.

Der Lebensmittelverzehr der Kinder und Jugendlichen wurde zu den jeweiligen Empfehlungen zur Optimierten Mischkost (optimiX des Forschungsinstituts für Kinderernährung Dortmund) und zu den DACH-Referenzwerten in Bezug gesetzt (s. Abb. 1 und 2) (Mensink *et al.* 2007).

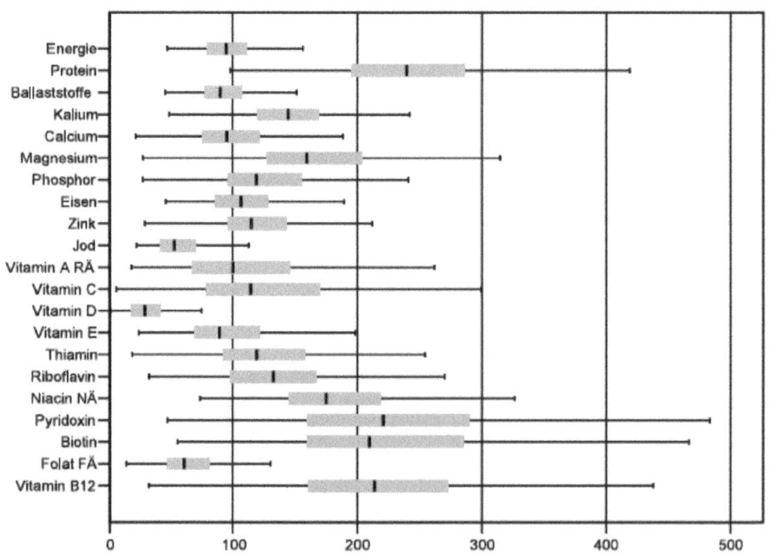

Abb. 1: Nährstoffzufuhr im Vergleich zu den Referenzwerten, Jungen, Alter 6 bis 11 Jahre.
Median, Interquartilbereich, Minimum und Maximum (ohne Ausreißer und Extremwerte)
(Quelle: Mensink *et al.* 2007)

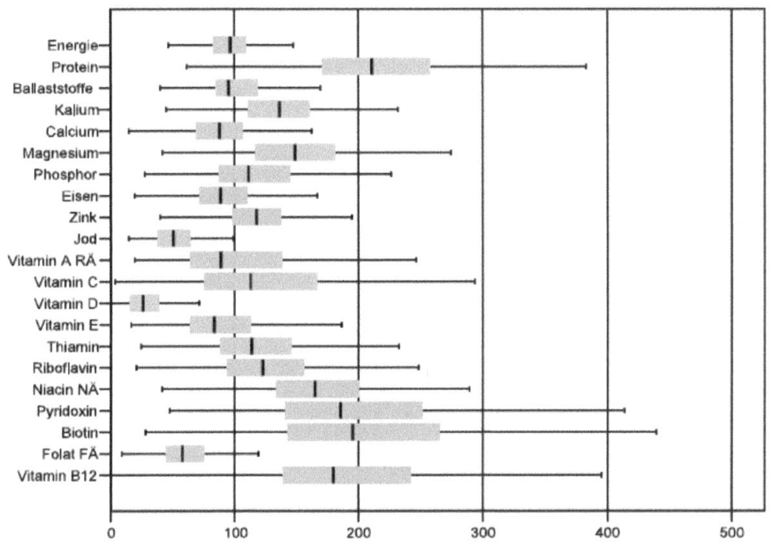

Abb. 2: Nährstoffzufuhr im Vergleich zu den Referenzwerten, Mädchen, Alter 6 bis 11 Jahre Median, Interquartilbereich, Minimum und Maximum (ohne Ausreißer und Extremwerte)

(Quelle: Mensink *et al.* 2007)

Die Energiezufuhr liegt im Median nahe an den Referenzwerten. Die <u>Fettzufuhr</u> entspricht mengenmäßig den Empfehlungen, jedoch ist der Anteil ungesättigter Fettsäuren zu gering und der an gesättigten Fettsäuren zu hoch. Dies ist auf den reichlichen Verzehr von Fleisch, Wurst und vollfetter Milchprodukte zurückzuführen. Die meisten Kinder essen weniger Fisch, als empfohlen wird (s. Tab. 1) (Mensink *et al.* 2007).

Die meisten Kinder erreichen die empfohlenen Verzehrsmengen beim Obst- und Gemüsekonsum nicht, wobei Mädchen durchschnittlich mehr davon essen als Jungen. Auch die Empfehlung zum Verzehr kohlenhydratreicher Lebensmittel wird von den wenigsten abgedeckt. Damit sind hier stärkehaltige Lebensmittel wie Brot, Kartoffeln und Teigwaren gemeint (Mensink *et al.* 2007).

Ballaststoffe, Vitamin D, Folat, bei 6- bis 11-jährigen zusätzlich Calcium und Vitamin E, bei Mädchen zusätzlich <u>Eisen</u>, werden gemäß den Empfehlungen nicht in ausreichendem Maße zugeführt. Wie aus den Abb. 1 und 2 ersichtlich, liegt die

Jodzufuhr weit unterhalb der Empfehlung; dieser Wert ist jedoch nur beschränkt aussagefähig, da die Zufuhr über jodiertes Speisesalz nicht erfasst wurde (Mensink *et al.* 2007).

Tab. 1: Hauptquellen für Fett in Deutschland (Mensink *et al.* 2007)

6- bis 11-jährige Jungen	%	Fett (g)	6- bis 11-jährige Mädchen	%	Fett (g)
Wurstwaren	15	10	Süßwaren	15	9
Milchprodukte	13	9	Milchprodukte	13	8
Süßwaren	13	9	Wurstwaren	13	8
Pflanzliche Fette	11	8	Pflanzliche Fette	11	7
Kuchen	9	6	Kuchen	9	5
Käse und Quark	7	5	Käse und Quark	7	4
Tierische Fette	7	5	Tierische Fette	7	4
Fleisch, Innereien	4	3	Fleisch, Innereien	4	2
Backwaren	3	2	Backwaren	3	2
Brot	3	2	Brot	3	2
Eier	3	2	Eier	3	2
Cerealien	2	1	Cerealien	2	1
Kartoffeln	2	1	Geflügel	2	1
Nüsse	1	1	Kartoffeln	2	1
Geflügel	1	1	Nüsse	1	1
Säfte	1	1	Säfte	1	1
Fisch	1	0	Teigwaren	1	1
Teigwaren	1	0	Obst	1	0
Gewürze	1	0	Fisch	1	0
Obst	1	0	Gewürze	1	0

<u>Süßwaren, Knabberartikel, Cerealienspezialitäten und Limonaden</u> zählen nach OptimiX zu den „geduldeten" Lebensmitteln und sollen mit weniger als 10% der Gesamtenergie nur in begrenztem Umfang konsumiert werden. Diese Lebensmittel werden deutlich im Übermaß verzehrt (s. Abb.3). Nach Brot sind Süßigkeiten bei Kindern und Jugendlichen derzeit die wichtigste Energiequelle (s. Tab. 2) (Mensink *et al.* 2007).

Unter den 6- bis 11-jährigen Kindern unterschritt die Trinkmenge bei 59% der Mädchen und 49% der Jungen die empfohlene Menge. Limonaden, die nach optimiX als Durstlöscher weniger geeignet sind, wurden von mehr als der Hälfte aller Befragten innerhalb des Befragungszeitraums konsumiert. Mit steigendem Alter erhöht sich vor allem bei den Jungen der Anteil derjenigen, die Limonade trinken. Die 15- bis 17-jährigen Jungen verzehrten im Mittel 357 ml Limonade am Tag, darunter 5% sogar 2,4 l oder mehr. Unter den Mädchen im gleichen Alter trinken etwa 5% 1,2 l oder mehr Limonade pro Tag (Mensink *et al.* 2007).

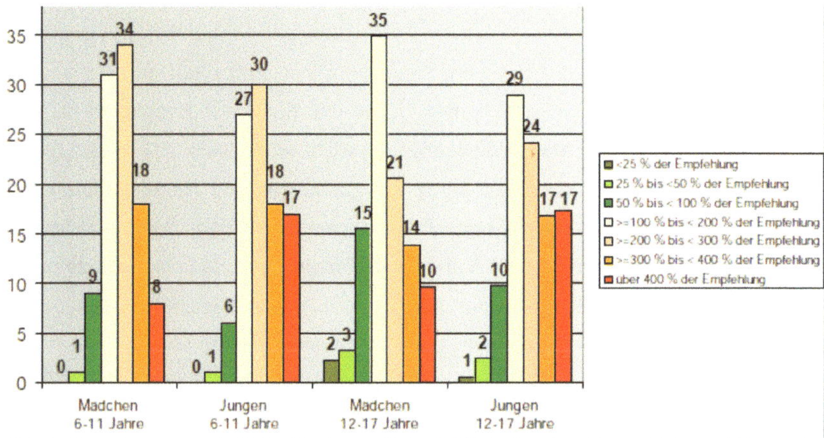

Abb. 3: Verzehr von „geduldeten" Lebensmitteln (Süßigkeiten, Knabberartikeln und Limonade) im Verhältnis zur Empfehlung (Mensink *et al.* 2007)

Tab.2: Hauptquellen für Energie in Deutschland (Mensink *et al.* 2007)

6- bis 11-jährige Jungen	%	Energie (kcal)	6- bis 11-jährige Mädchen	%	Energie (kcal)
Brot	14	258	Brot	14	238
Süßwaren	12	223	Süßwaren	13	213
Milchprodukte	11	195	Milchprodukte	10	170
Säfte	7	127	Säfte	7	120
Kuchen	7	125	Kuchen	7	114
Wurstwaren	7	121	Wurstwaren	6	95
Cerealien	5	87	Obst	5	82
Getreide und Reis	4	78	Getreide und Reis	4	73
Obst	4	77	Cerealien	4	65
Pflanzliche Fette	4	69	Teigwaren	4	63
Käse und Quark	4	66	Käse und Quark	4	62
Teigwaren	3	62	Pflanzliche Fette	4	62
Kartoffeln	3	57	Kartoffeln	3	51
Fleisch, Innereien	3	57	Fleisch, Innereien	3	46
Limonaden	3	54	Limonaden	3	44
Tierische Fette	2	42	Tierische Fette	2	40
Backwaren	2	41	Backwaren	2	36
Eier	1	26	Geflügel	1	25
Geflügel	1	20	Eier	1	23
Sonstiges Gemüse	1	16	Sonstiges Gemüse	1	18

1.1.2 Schlussfolgerung

Wie aus Tab. 1 ersichtlich, nehmen Kinder bei der <u>Fettzufuhr</u> nur 11% über pflanzliche Fette und nur jeweils 1% über Nüsse und Fisch auf. Besonders bei den Mädchen ist erschreckend, dass Süßigkeiten die wichtigste Quelle für Fett darstellen. Aus den Daten kann eine hohe Aufnahme von gesättigten und Transfettsäuren und eine niedrige Aufnahme an EFA und HUFA abgeleitet werden. Wenn Kinder mit ADHS einen erhöhten Bedarf an EFA und HUFA haben, sprechen die Befunde umso deutlicher für eine Supplementierung von HUFA, v. a. über Fischöl(kapseln), aber auch eine Angleichung der Lebensmittelauswahl an die Vorgaben von optimiX.

<u>Eisen</u> wird von Mädchen oft nicht ausreichend aufgenommen (s. Abb. 2). Da eine Eisensupplementierung sich als effektiv hinsichtlich einer ADHS-Symptomatik erwiesen hat, spricht dies für eine Überprüfung der Ferritinwerte von Kindern, insbesondere Mädchen, bevor über eine medikamentöse Therapie nachgedacht wird. Aber auch die Aufnahme von Eisen über Lebensmittel ließe sich durch eine verbesserte Lebensmittelauswahl steigern.

<u>Süßwaren, Knabberartikel, Cerealienspezialitäten und Limonaden</u>, die von Kindern im Übermaß verzehrt werden, gehören zu den Lebensmitteln, die häufig Lebensmittelzusatzstoffe (insbesondere AFCs und Benzoate) enthalten, vor denen neuerdings gewarnt wird. Es bleibt zu hoffen, dass die Vorgabe der EU für die Hersteller, Warnhinweise auf Lebensmittelverpackungen einzuführen, zügig umgesetzt wird oder ein baldiges Verbot erfolgt. Informationen über die potentiellen adversen Effekte auf Aufmerksamkeit und Verhalten von Kindern sollten der Allgemeinbevölkerung, v. a. aber von ADHS betroffenen Familien im Rahmen von Aufklärung und Beratung nach britischem Vorbild zugänglich gemacht werden, um bei Eltern, Kindern, LehrerInnen und ErzieherInnen ein Problembewusstsein hinsichtlich des Verzehrs der genannten Lebensmittel zu schaffen.

Ein Beitrag ungünstiger Ernährungsweisen zur steigenden Prävalenz der ADHS bei Kindern kann nicht ausgeschlossen werden. Eine Lebensmittelauswahl nach dem Konzept optimiX vermag ernährungsbezogene Risikofaktoren für ADHS zu minimieren und könnte zu einer Verbesserung der Symptomatik beitragen. Dies entspricht auch der Aussage Eggers (1991), dass eine gesunde Ernährung oftmals ausreichen kann, um bei ADHS Erfolge zu erzielen.

1.2 Einstellungen von Personengruppen, die Kinder mit ADHS betreuen

1.2.1 Hintergrund

In einer 2006 publizierten Untersuchung aus Deutschland wurden Erwachsene aus verschiedenen Versuchspersonengruppen (Vpngr) mittels einer teilstrukturierten Befragung über ihre Einstellung zum Einfluss der Ernährung auf die Entstehung einer ADHS interviewt. Dazu gehörten jeweils 150 Eltern von Kindern mit ADHS, LehrerInnen und ErzieherInnen, die solche Kinder in schulischen oder vorschulischen Einrichtungen fördern und betreuen sowie Ärztinnen und Ärzte, die sie medizinisch versorgen. Mehrfachnennungen waren bei den meisten Fragestellungen möglich (Preis 2006).

Aufgrund ihrer Ziele, der Aus- und Weiterbildung und Praxiserfahrungen wurde von den LehrerInnen, ErzieherInnen, Ärztinnen und Ärzten eine Integration von verinnerlichtem wissenschaftlichem Wissen in vorhandene Wissensnetze und dessen Umsetzung in konkrete Handlungsstrategien erwartet. Im Gegensatz dazu wurde davon ausgegangen, dass das Handeln von Eltern eher auf Alltagserfahrungen und –theorien, verabsolutierenden Kategorien, einer Mischung aus Wissen und Glaubensinhalten sowie auf Pauschalierungen ohne Trennung zwischen Beobachtung und Bewertung beruht. Eine vorangegangene Untersuchung mit einer kleineren Stichprobe hatte Hinweise auf eine mangelnde Stimmigkeit in der Zusammenarbeit zwischen Personen, die mit von ADHS betroffenen Kindern arbeiten, geliefert (Preis 2006).

1.2.2 Ergebnisse

Bis auf wenige Ausnahmen unterschieden sich die Einstellungen in Abhängigkeit von der Zugehörigkeit zur Vpngr in fast allen Untersuchungsbereichen erheblich. Die Entstehung einer ADHS wird von Eltern sehr viel häufiger auf die Ernährung zurückgeführt als von den anderen Vpngr, während aus der Ärzteschaft nur wenige diese Auffassung teilen. Dagegen sehen nur wenige Eltern Ursachen im sozialen Umfeld, während ErzieherInnen diese häufiger vermuten. Mehr Einigkeit herrscht bei der Zuschreibung genetischer bzw. organischer Ursachen, obwohl die Unterschiede zwischen den Vpngr auch hier signifikant sind (s. Abb. 3). Abb. 4 zeigt die Einschätzung der Vpngr zu Nahrungsmitteln als möglichen Auslöser. Sehr viel mehr Eltern als Personen aus anderen Vpngr sind von ernährungsbezogenen Ursachen überzeugt, während die Ärztinnen und Ärzte diese eher ablehnen. Zwischen 4 und

24% der Personen aus den Vpngr beurteilen die Ernährung höchstens als verstärkenden Faktor (Preis 2006).

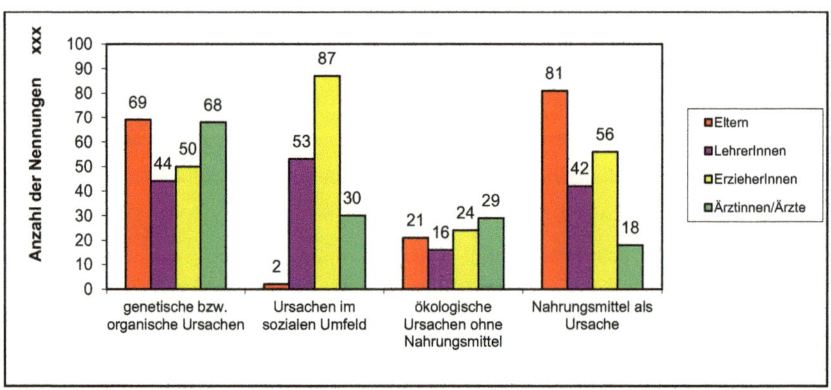

Abb. 4: Die Vpngr (je n=150) benennen folgende Ursachenbereiche für die Auslösung einer ADHS (Quelle: nach Preis 2006, eigene Darstellung)

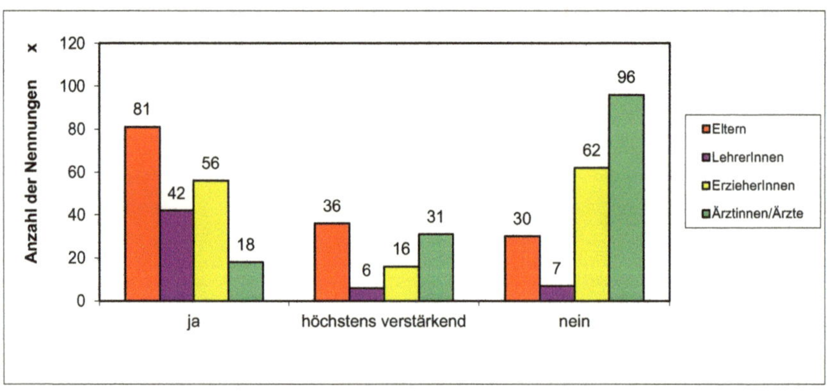

Abb. 5: Die Vpngr (je n=150) benennen Nahrungsmittel je nach Überzeugung definitiv als Ursache für die Auslösung einer ADHS (Quelle: nach Preis 2006, eigene Darstellung)

Wird nach einzelnen Nahrungsmitteln bzw. Nahrungsmittelzusätzen als Auslöser für eine ADHS gefragt, beziehen sich die Nennungen von Eltern fast ausschließlich auf Zucker (32%) und Lebensmittelzusatzstoffe (25%). Die anderen Vpngr benennen keine oder nur wenige Lebensmittel bzw. Inhaltsstoffe (s. Abb 15).

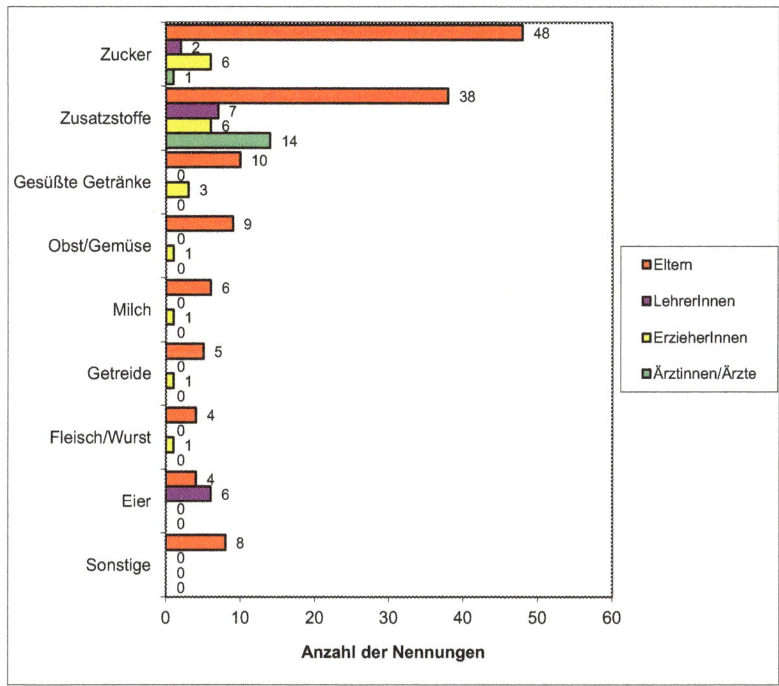

Abb. 6: Die von den Vpngr (je n=150) am häufigsten als Auslöser für eine ADHS benannten einzelnen Nahrungsmittel bzw. Nahrungsmittelzusätze
(Quelle: nach Preis 2006, eigene Darstellung)

Wurde genauer nachgefragt, welche Lebensmittelzusatzstoffe nach Ansicht der Vpngr als Auslöser infrage kommen, kommen bei den Ärzten und Ärztinnen, aber auch bei den Eltern relativ wenige konkrete Nennungen zustande, wobei Phosphate und Farbstoffe an erster Stelle, gefolgt von Konservierungsstoffen, stehen (s. Abb. 6).

Dass Phosphate von einigen Eltern immer noch als bedenklich eingestuft werden zeigt, dass die Hypothese von Hertha Hafer trotz der fehlenden Evidenz auch heute noch Anhänger hat. Auch aus der Ärzteschaft erfolgten einige Nennungen von Phosphaten als Auslöser, was angesichts der Tatsache, dass die befragten Mediziner betroffene Kinder behandeln, auf einen veralteten Wissensstand schließen lässt.

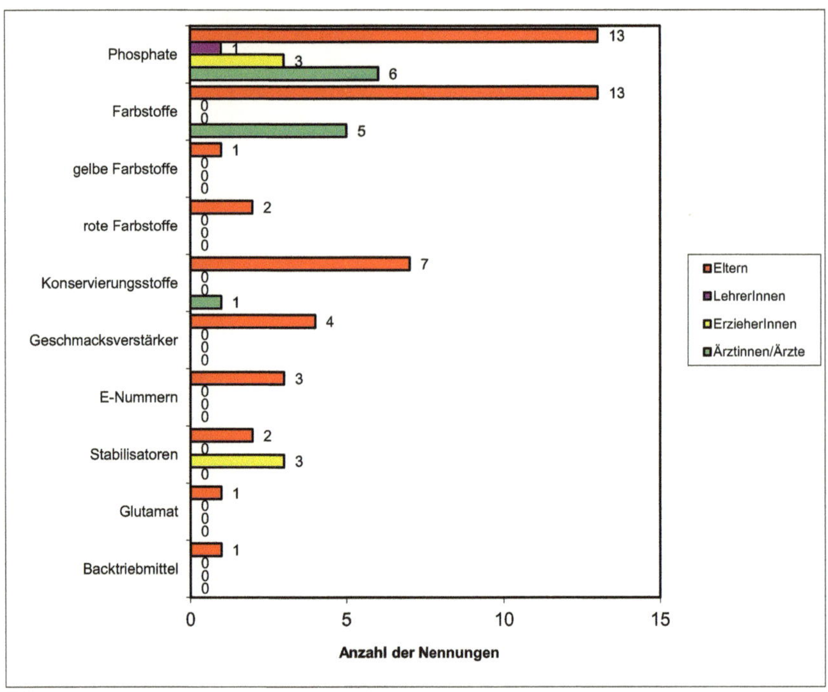

Abb. 7: Anzahl der Nennungen bestimmter Zusatzstoffe durch Personen, die überzeugt sind, dass diese ADHS auslösen nach Vpngr (Quelle: nach Preis 2006, eigene Darstellung)

Aus den Interviews wurde ersichtlich, dass die befragten Personen generell nicht unterscheiden, ob es sich bei den genannten Lebensmittelinhaltsstoffen um zugesetzte oder in Lebensmitteln natürlich enthaltene Substanzen handelt (Preis 2006). Allen Personen, die Phosphate genannt haben, schien nicht klar zu sein, dass deren Nennung in logischer Konsequenz auch die Nennung von Backtriebmitteln hätte beinhalten müssen, da diese meist überwiegend Dinatriumphosphat enthalten (Dr. Oetker o. J.). Somit bestehen anscheinend bei allen Vpngr Wissenslücken darüber, welche Lebensmittel welche der gefragten Substanzen enthalten.

Hinsichtlich ausgewählter Behandlungsmethoden wird von allen Vpngr am häufigsten die medikamentöse Therapie genannt, die aber teilweise offenbar entgegen dem Rat von Fachgesellschafte ohne eine begleitende psychologische Therapie durchgeführt wird, da hier weniger Nennungen angegeben wurden (s. Abb. 8). Insgesamt wurden von den Befragten ca. 120 verschiedene Behandlungskonzepte angegeben (Preis 2006).

Fast die Hälfte der Eltern versuchte mittels verschiedener Ernährungsinterventionen, Einfluss auf die ADHS-Symptomatik ihrer Kinder zu nehmen. Dabei wurden eine Eliminierung oder Reduzierung bestimmter Lebensmittel und Lebensmittelinhaltsstoffe, in seltenen Fällen auch eine Rotationsdiät, praktiziert. Auch die anderen Vpngr wurden hierzu befragt, gaben aber nur vereinzelte Nennungen ab, da sie über die Durchführung nicht informiert waren oder von der Methode nicht überzeugt waren. Nur wenige (6% von n=150) Eltern gaben an, bei ihren Kindern Zusatzstoffe zu eliminieren, bezüglich derer die Evidenz für eine Auslösung hyperaktiven Verhaltens als am höchsten betrachtet werden kann. Dagegen gaben 16% an, die phosphatreduzierte Diät mit ihren Kindern zu praktizieren, was bei einem Teil der Eltern auf einen nicht mehr aktuellen Wissensstand schließen lässt. Hinsichtlich der Effekte wurde die phosphatreduzierte Diät jedoch nur von vier der 24 Eltern, die angegeben hatten, diese anzuwenden, als wirksam angesehen, während vier Eltern schlechte und 20 Eltern indifferente Erfahrungen mit dieser Diät angaben. Möglicherweise wird sie aus Verzweiflung und in Ermangelung der Kenntnis von Alternativen auch heute noch in diesem Ausmaß angewendet.

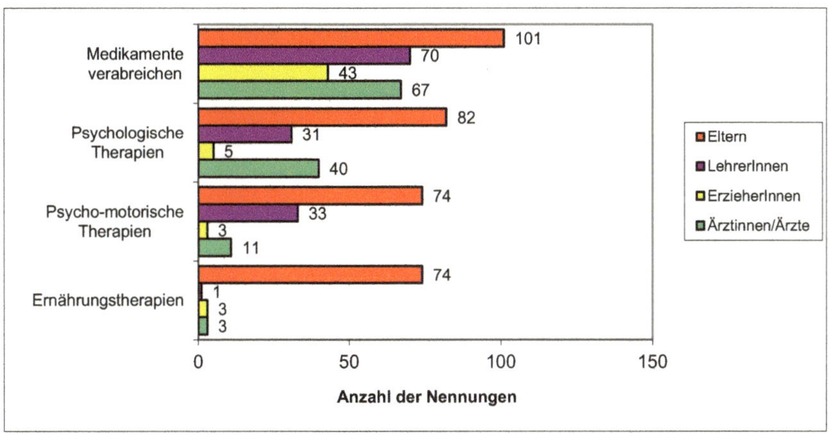

Abb. 8: Von den Vpngr (je n=150) bei Kindern mit ADHS durchgeführte ausgewählte Therapien
(Quelle: nach Preis 2006, eigene Darstellung)

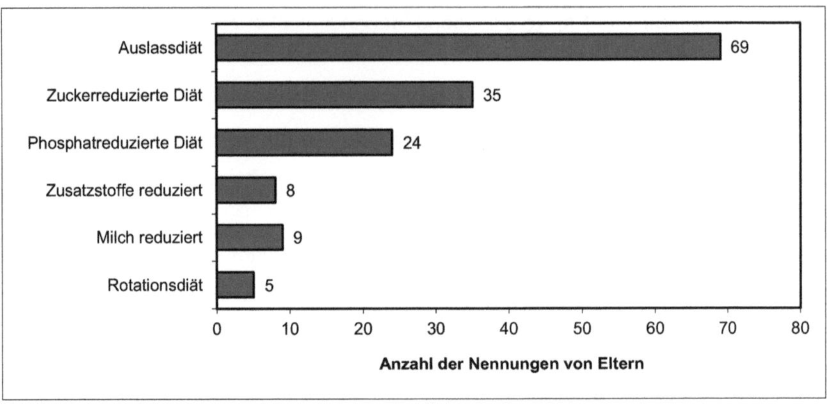

Abb. 9: Von Eltern mit von ADHS betroffenen Kindern durchgeführte Ernährungs- interventionen (Quelle: nach Preis 2006, eigene Darstellung)

1.2.3 Schlussfolgerung

Die Einstellungen von Eltern sind in einigen Fällen in sich widersprüchlich, stehen jedoch auch deutlich mit denen anderer Vpngr im Widerspruch zueinander; aber auch LehrerInnen, ErzieherInnen sowie Ärztinnen und Ärzte differieren signifikant in ihren Auffassungen. Zudem wurde in dieser Untersuchung festgestellt, dass in Bezug auf die Bezeichnungen für ADHS und deren Differenzierung nach unterschiedlichen Subtypen offenbar eine babylonische Sprachverwirrung besteht, die die Zusammenarbeit zwischen jenen, die betroffene Kinder betreuen, zusätzlich potenziell erschwert (Preis 2006).

Preis (2006) mahnt die Notwendigkeit einer verstärkten Aus- und Weiterbildung derer, die Kinder mit ADHS betreuen, aber auch eine Intensivierung der Forschung im Bereich Diagnostik und Therapie, an.

1.3 Probleme und Herausforderungen

1.3.1 Gründe für Verunsicherung in Bezug auf diätetische Interventionen

Trotz der vielversprechenden Erfolge einiger ernährungstherapeutischer Interventionen finden diese in der therapeutischen Praxis bisher kaum Beachtung. Im Folgenden wird auf mögliche Gründe für diese Situation eingegangen.

In der evidenzbasierten Medizin besteht die Tendenz, adverse Effekte nach Möglichkeit auf einen einzelnen Wirk- bzw. Nährstoff zurückführen zu wollen. Entsprechend der Wirkung pharmakogischer Substanzen wird so auch von

Nährstoffen erwartet, in klinischen Studien klare, eindeutige Antworten hinsichtlich spezifischer Wirkungen zu liefern (Heindl 2003). Diese liefern jedoch oft keine eindeutigen Antworten, sondern eher inhomogene Ergebnisse, die keine eindeutige Interpretation ermöglichen. Dies wird insbesondere am Thema Azofarbstoffe deutlich, bei dem verschiedene Institutionen die jüngsten Studienergebnisse über einen langen Zeitraum kontrovers diskutiert haben, ohne zu einheitlichen Ergebnissen, respektive Empfehlungen für Betroffene zu kommen.

Ernährungswissenschaft und Medizin zeigen traditionell physiologisch-biochemische Wirkungen einzelner Nährstoffe und anderer Substanzen auf, wobei jedoch wenig über Wechselwirkungen verschiedener Nährstoffe bekannt ist. Auch werden Essen und Trinken in ihren sozialen und kulturellen Funktionen, die Tatsache, dass der Begriff Ernährung mehr umfasst als die bloße Stillung von Hungergefühlen und die Zufuhr von Nährstoffen, erst in jüngster Zeit verstärkt beachtet. Auf diese Zusammenhänge wird im nächsten Abschnitt ausführlich eingegangen. Ernährungs(mit)bedingte gesundheitliche Störungen lassen sich oftmals nicht rein biomedizinisch erklären. Angesichts komplexer Kurzzeit-, Langzeit- und Wechselwirkungen bei der Entwicklung von Gewohnheit, Sucht und Störung, die möglicherweise eine entscheidende Rolle bei der Pathogenese der ADHS spielen, stellt sich die Frage, inwiefern eindeutige Ergebnisse klinischer Studien überhaupt zu erwarten sind (Heindl 2003).

Die Inkonsistenz der Forschungsergebnisse führt zu Unsicherheit und Resignation in Bezug auf diätetische Interventionen – vor allem, wenn eine medikamentöse Therapie mit Stimulanzien anfänglich zu schnellen Erfolgen führt und somit zunächst zur Entlastung von betroffenen Kindern und deren Umfeld beiträgt. Es ist sicherlich einfacher für betroffene Familien, eine regelmäßige Medikation der Kinder zu praktizieren, als eine Ernährungsumstellung zu implementieren. Werden dennoch im Einzelfall Zusammenhänge zwischen Ernährung und ADHS-Symptomatik vermutet, gestaltet sich die Suche nach auslösenden Faktoren als aufwändig und langwierig. Wenn solche Faktoren identifiziert werden können, stellt sich wiederum das Problem, Ernährungsinterventionen, die eine Besserung versprechen, im Alltag konsequent umzusetzen (Heindl 2003).

Ein häufig angebrachter Kritikpunkt gegen den Einsatz von Eliminationsdiäten bei Kindern mit ADHS ist eine befürchtete Gesundheitsgefährdung durch eine einseitige Ernährungsweise. Diese Befürchtung ist angesichts der häufig ohnehin einseitigen Nahrungsbevorzugung von Kindern und Jugendlichen nur bedingt nachvollziehbar. Die oligoantigene Diät nach Egger stand oftmals wegen ihrer eingeschränkten Lebensmittelauswahl in der Kritik. Dem ist entgegenzusetzen, dass sie nicht als dauerhafte Kost gedacht ist, sondern diagnostischen Zwecken dienen soll und nach und nach vervollständigt wird (Homann 2003).

Ein Verzicht auf stark verarbeitete Lebensmittel bzw. Lebensmittel, die viele Zusatzstoffe oder auch Zusätze aus Grundnahrungsmitteln wie Hühnerei, Milch, Weizen oder Soja enthalten, erscheint vielen Menschen undenkbar. Faktisch ist es jedoch so, dass viele moderne Produkte entbehrlich sind, und ein Verzicht auf diese zwar der Nahrungsmittelindustrie schadet, aber der Gesundheit – nicht nur im Hinblick auf Verhaltensstörungen - zuträglich sein kann (Heindl 2003).

1.3.2 Die Rolle des sozialen Umfelds

Ernährungsgewohnheiten und deren Wirkungen auf das Verhalten bilden sich von Geburt an aus. Von der süß schmeckenden Muttermilch bis hin zu Mahlzeiten in der Gemeinschaft beeinflussen Geruch, Geschmack, Sensorik und Atmosphäre, was Kinder mögen und was sie ablehnen, was sie selbst als verträglich oder unverträglich einstufen. Was ein Kind mag, hängt entscheidend davon ab, wie das soziale Umfeld isst und wie dieses Essen emotional besetzt ist. Oftmals sind Kinder in der Lage, über ihr eigenes Essverhalten und ihre Nahrungsauswahl ihre Eltern zu erziehen, also deren Verhalten und Reaktionen zu steuern (Heindl 2003).

Kinder selbst werden selten nach ihrer eigenen Wahrnehmung möglicher Wirkungen gefragt (Heindl 2003). In der Regel werden die Kinder ausschließlich Tests unterzogen, deren Ergebnisse von Erwachsenen interpretiert werden. In nur einer einzigen Studie wurde sich die Mühe gemacht, betroffene Kinder selbst zu Wort kommen zu lassen (vgl. Johnson *et al.* 2008). Auch wenn es schwierig und unbequem erscheint, dies zu tun, und auch wenn sich vielleicht nicht alle Kinder angemessen dazu äußern können oder wollen, ist diese Praxis als wenig patientenzentriert anzusehen und nimmt die Kinder - vom menschlichen Standpunkt betrachtet - nicht ernst, spricht ihnen eine „brauchbare" Eigenwahrnehmung von Befindlichkeit und Verhalten ab.

Esskulturen moderner Industriegesellschaften, die den gesellschaftlichen Rahmen auch für das Ernährungsverhalten von Kindern bilden, zeichnen sich durch folgende psychosoziale, kulturelle und wirtschaftliche Merkmale aus:

Der moderne Mensch ist kein Nahrungsproduzent mehr, sondern vorwiegend oder ausschließlich Konsument. Herkunft, Produktion und Verteilung von Nahrungsmitteln sind zunehmend undurchschaubar geworden. Etwa drei Viertel der Lebensmittel sind industriell verarbeitet. Somit hat die Notwendigkeit, Speisen selbst zuzubereiten, abgenommen. Ein Großteil heute verbreiteter Speisen in Form von Convenience-Produkten muss vor dem Verzehr allenfalls noch erhitzt werden. Die Prozesskette von Planung, Einkauf, Zubereitung, Verzehr und Verdauung verlangt von KonsumentInnen neue Kenntnisse und Entscheidungskompetenzen, die das traditionelle Selbst-Kochen verdrängen. Die heutige Pluralität von Lebens- und Arbeitsformen hat dazu geführt, dass individuelle Entscheidungsspielräume herkömmliche Verpflichtungen ersetzen. Regelmäßige eigene Zubereitung von Mahlzeiten geht auf Kosten der Flexibilität, während Convenience-Food und Verpflegung außer Haus insbesondere Mütter von zeitgebundenen, mit der Beköstigung zusammenhängenden häuslichen Tätigkeiten entlasten (Heindl 2003).

Lebens- und Ernährungsstile von Frauen orientieren sich in Folge der Emanzipation häufig an einst rein männlich besetzten Karrieremustern. Dies wird im Zusammenhang mit der Ernährung als „Trendsetting in Inkompetenz" bezeichnet. Dieser Begriff bezieht sich auf das Phänomen, einerseits gern zu essen, andererseits aber kein oder wenig Wissen über Ernährung und keine Kompetenzen zur eigenen Zubereitung von Speisen mitzubringen. Junge Frauen übernehmen daraus resultierende, traditionell eher jungen Männern zugeschriebene Ernährungsstile, die durch häufigen Außer-Haus-Verzehr und viele Convenience-Produkte gekennzeichnet sind und die Kindern vorgelebt werden (Heindl 2003).

Die weite Verbreitung industriell verarbeiteter Lebensmittel bedingt durch die qualitativen Veränderungen eine so bezeichnete Entstofflichung von Nahrung. Lebensmittel präsentieren sich verpackt, intransparent, werden mittels zahlreicher Attribute intensiv beworben und damit gewissermaßen entmaterialisiert. Essen als komplexe sinnliche Erfahrung kann so insbesondere von Kindern nur noch in begrenztem Maße selbstbestimmt wahrgenommen werden. Moderne Lebensmittel werden zu Projektionen verschiedenster Wünsche und Vorstellungen, indem ihnen durch Multiplikatoren aus Industrie und Handel – aber auch der Wissenschaft - ein bestimmtes Image zugewiesen wird. Kindern wird über die Bewerbung von Lebensmitteln vermittelt, sich durch Konsum Gruppenzugehörigkeit erkaufen zu können – der Verzehr bestimmter Produkte wird als „cool" dargestellt, macht besonders „fit" oder beliebt. Die Ernährungsweise bzw. einzelne Nahrungsmittel spielen eine entscheidende Rolle für die persönliche und kulturelle Identitätsfindung. In der Werbung werden bekannte Identifikationsfiguren aus Sport und Gesellschaft eingesetzt, um über die Anpreisung von Produkten ein positives Lebensgefühl zu vermitteln. Kinder und Jugendliche nehmen diese Angebote zur Identifizierung besonders gerne an, da sich derartige Werbestrategien insbesondere an die Lebensabschnitte der Neuorientierung, Identitätssuche und Ablösung von Traditionen richten und damit gezielt versuchen, kollektive Identitäten zu schaffen (Heindl 2003).

Die Sorge um die Vermutung, herkömmliche Lebensmittel könnten eine ausreichende Versorgung mit Nährstoffen nicht (mehr) gewährleisten, verunsichert viele Menschen. Die intensive Bewerbung von Nahrungsergänzungsmitteln und funktionellen Lebensmitteln suggeriert einen erforderlichen Zusatznutzen, während der Markt aus Konsumentensicht zunehmend unübersichtlich wird (Heindl 2003).

Ess- und Trinkgewohnheiten zählen zu den stabilsten Gewohnheiten, so dass Veränderungen und Restriktionen oft als belastend erlebt werden. Erfahrungsgemäß haben Nahrungsmittelunverträglichkeiten bei ADHS oft direkt mit bestimmten Vorlieben, nicht selten sogar Sucht, zu tun. Die Angebotspalette typischer von Kindern favorisierter Lebensmittel lässt es schwierig erscheinen, ihnen diese vorzuenthalten. Viele dieser Produkte haben innerhalb von Familien und Peergroups psychosoziale Funktionen der Kommunikation. Strenge Diätvorschriften wie bei der oligoantigenen Diät sind somit für Kinder hinsichtlich der Compliance noch schwieriger durchzuhalten als für Erwachsene (Heindl 2003).

1.4 Empfehlungen

1.4.1 Praktische Empfehlungen

Doris Heindl spricht in ihrem Tagungsbeitrag zu pädagogischen Aspekten der Ernährung bei ADHS auf einer Tagung zum Thema „das überaktive Kind und sein soziales Umfeld" eine Reihe von allgemeinen Ernährungsempfehlungen für von ADHS betroffene Kinder aus, die sich an Familien, Kindergärten, Tagesstätten und Schulen richten. Sie plädiert dafür

- mehr natürliche Lebensmittel und deren Vielfalt zu nutzen,
- dabei möglichst auf Zusatzstoffe zu verzichten,
- stets die Zutatenliste und die Inhaltsstoffe von Lebensmitteln zu prüfen,
- einseitigen Vorlieben von Kindern entgegenzuwirken,
- positive Rituale gemeinsamer Mahlzeiten einzuführen,
- auf Essen als Erziehungsmittel zu verzichten
- sowie Angebote der Gemeinschaftsverpflegung für Kinder in Form von Frischküchen eigenverantwortlich zu gestalten (Heindl 2003).

Bei der Umsetzung solcher Empfehlungen können ÖkotrophologInnen durch fachliche Beratung und praktische Hilfestellung einen wertvollen Beitrag leisten.

Der Verzehr eines ernährungsphysiologisch ausgewogenen Frühstücks mit einem niedrigen glykämischen Index vor Kindergarten oder Schule mag zunächst selbstverständlich erscheinen. Ob ein Frühstück überhaupt angeboten wird, und wenn ja, inwiefern es ausgewogen ist, sowie welche Maßnahmen infrage kommen, wenn ein Kind nicht frühstücken möchte, ist jedoch im Einzelfall unbekannt und sollte im Zuge einer Ernährungsanamnese thematisiert werden. Die Ergebnisse der EsKiMo-Studie sprechen wegen der insgesamt mangelhaften Ernährung von Kindern und Jugendlichen dafür, dass das Frühstück vermutlich qualitativ nicht besser zusammengesetzt ist als die anderen Mahlzeiten. Kindergärten und Schulen sollten geeignete Angebote für Zwischenmahlzeiten bereithalten, von denen Süßigkeiten und gesüßte Getränke ausgeschlossen sein sollten.

Eine sorgfältige Ernährungsanamnese kann Hinweise auf ungünstige Ernährungsgewohnheiten und mögliche Defizite liefern und sollte so im Vorfeld jeglicher Ernährungsintervention durchgeführt werden, um eine individuell angepasste Ernährungsberatung darauf aufzubauen. Da jede Ernährungsintervention Auswirkungen auf die Ernährungssozialisation des betreffenden Kindes hat, sind die Maßnahmen möglichst einfach zu halten; denn eine übermäßige Beschäftigung der Familien und Kinder mit dem Thema Ernährung kann auch zu unerwünschten Nebeneffekten führen – einerseits in Form eines erhöhten Risikos für Essstörungen, andererseits in Form falscher Zuschreibungen, die erfolgen können, wenn jede Verhaltensauffälligkeit nur noch auf den Lebensmittelverzehr zurückgeführt wird.

Diäten

Im Rahmen der Ernährungsanamnese sollte zunächst eine mögliche Zöliakie ausgeschlossen werden, da deren Prävalenz unter von ADHS Betroffenen erhöht ist und die Einführung der glutenfreien Diät nach der Diagnose meist neben einer Besserung des Allgemeinbefindens auch zu Verhaltensverbesserungen führt.

Eine oligoantigene Diät als optionaler Behandlungsversuch erster Wahl vor einer Medikation erscheint sinnvoll. Angesichts des starken Interesses an diätetischen Behandlungen, das viele Eltern zeigen, ist von dieser Seite häufig mit einer guten Compliance zu rechnen. Die persönliche Motivation betroffener Kinder, eine Eliminationsdiät durchzuführen, lässt sich nur über eine intensive Unterstützung durch Familie und soziales Umfeld aufrechterhalten. Obwohl Kinder durchaus eine hohe eigene Motivation aus ihren individuellen Leidensgeschichten ziehen können, oft auch ihre soziale Außenseiterrolle verbessern möchten, birgt der Sinn von Verzicht, Geduld und Durchhaltevermögen aus kindlicher Sicht Probleme, die sich nur durch diese Unterstützung bewältigen lassen. Schon der Lebensmitteleinkauf für eine wie auch immer geartete Eliminationsdiät erfordert genaue Kenntnisse über möglicherweise provozierende Substanzen, die in Zutatenlisten aufgeführt werden müssen bzw. nicht müssen (Heindl 2003).

Eine umfassende fachliche Beratung beim Einkauf von Lebensmitteln und der Zubereitung von Mahlzeiten wäre für betroffene Familien, die mit Kindern Eliminationsdiäten durchführen möchten, hilfreich und sinnvoll, um Diätfehlern, zu extremen Restriktionen, Nährstoffdefiziten und Non-Compliance vorzubeugen. Diese sollte immer in Abstimmung mit behandelnden Ärzten im Rahmen einer multimodalen Therapie erfolgen.

Da die Zusammenhänge zwischen ADHS, Adipositas und Essstörungen offenbar häufig gemeinsam auftreten bzw. ADHS das Risiko für ein späteres Auftreten von Essstörungen erhöht, wird es zukünftig notwendig sein, entsprechende übergreifende Behandlungsprogramme zu entwickeln.

Supplementierung

Die Supplementierung v. a. der Omega-3-Fettsäure EPA über Fisch- oder Algenöle erscheint insbesondere bei Aufmerksamkeitsproblemen häufig zu Verbesserungen zu führen, während sich das GLA-reiche Nachtkerzenöl bei komorbiden physischen Symptomen eines Mangels an EFA als hilfreich erwiesen hat.

Eine Überprüfung der Ferritinwerte bei Kindern mit ADHS scheint angesichts der Forschungsergebnisse von Konofal et al. (2008) angezeigt, da viele von ADHS betroffene Kinder einen latenten Eisenmangel aufwiesen und sich ihr Verhalten unter Eisensupplementierung besserte.

Eine Zinksupplementierung führte vor allem bei Kindern mit niedrigen Serumspiegeln zu Verbesserungen der Symptome Hyperaktivität, Impulsivität und beeinträchtigter Sozialisation, jedoch zu keiner Verbesserung des Aufmerksamkeitsdefizits. Sollten erstere Symptome überwiegen, kann eine Supplementierung in Erwägung gezogen werden, um mögliche positive Effekte zu prüfen.

Für werdende Mütter und Frauen, die vorhaben, schwanger zu werden, scheint eine Jodmangelprophylaxe das Risiko, dass Kinder später eine ADHS entwickeln, zu vermindern. Die Kosten einer Jodsupplementierung für Schwangere werden derzeit nicht von den Krankenkassen übernommen, was das Risiko einer Unterversorgung birgt – denn selbst bei Verwendung von Jodsalz im Haushalt werden durchschnittlich täglich weniger als 60 µg Jod aufgenommen, während die Zufuhrempfehlung für Schwangere bei 230 µg täglich liegt. Das BfR empfiehlt allen Schwangeren eine prophylaktische Jodsupplementierung (BfR 2006).

1.4.2 Empfehlungen für die Forschung

Nahrungsmittelunverträglichkeiten und ADHS

Zahlreiche Studien konnten Zusammenhänge zwischen Nahrungsmittelunverträglichkeiten und ADHS aufzeigen. Welche physiologischen Mechanismen diesen Unverträglichkeiten aber zugrunde liegen, konnte bisher nur vermutet werden. Während sich die echten, IgE-vermittelten Nahrungsmittelallergien meist anhand bestimmter Tests identifizieren lassen, können die verspäteten allergischen Reaktionen und die Nahrungsmittelintoleranzen nur mittels DBPCFC zuverlässig getestet werden, was in der Praxis viel aufwändiger ist.

Einige Studienergebnisse sprechen für akkumulative Effekte bestimmter Substanzen, wie sie schon vor 30 Jahren von Feingoldt (1975) vermutet wurden; diese würden bedingen, dass nicht jede einzelne Aufnahme einer unverträglichen Substanz unmittelbar zu Symptomen führen muss, da diese von Häufigkeit und Dosis der Aufnahme abhängig auftreten würden. Inwiefern die voraussichtlich zu Beginn des Jahres 2008 abgeschlossene Reevaluation von Lebensmittelzusatzstoffen, v.a. der Farb- und Konservierungsstoffe, hinsichtlich ihres neurotoxischen Potentials neue Erkenntnisse liefern wird, bleibt abzuwarten.

Supplementierung von Nährstoffen bei ADHS

Auch Untersuchungen zu Nährstoffstatus und/oder -supplementierung haben sich hinsichtlich einiger Nährstoffe wie Omega-3-Fettsäuren, L-Carnitin, Eisen, Zink und Magnesium als aufschlussreich erwiesen. Studien zu den jeweiligen Effekten einer Supplementierung dieser Nährstoffe führten in vielen Fällen zu positiven Ergebnissen – doch konnten bei keinem einzelnen Nährstoff alle behandelten Kinder profitieren. Die Behandlung mit einem gemischten Nährstoffsupplement, das in Zusammensetzung und Dosierung individuell angepasst wurde, hat sich als genauso wirksam wie die Medikation mit Methylphenidat gezeigt, was für die synergistische Wirkung einer Kombination von Nährstoffen spricht.

Eine Supplementierung mit Omega-3-Fettsäuren in Form von Phospholipiden hat sich in einer Studie als effektiver gegenüber Fischöl erwiesen. Dies sollte genauer untersucht werden, um ggf. entsprechende Supplemente mit einer optimierten Zusammensetzung entwickeln zu können.

Weiterer Forschungsbedarf besteht zweifellos – doch sieht sich die Forschung hier vor methodische Probleme gestellt: Nahrungsmittelunverträglichkeiten sind hochindividuell sowohl in Bezug auf provozierende Substanzen als auch auf Verhaltens- und weitere Symptome (Schnoll *et al.* 2003). Allgemein wissenschaftlich anerkannte Studiendesigns sind deshalb für diese Population schwierig durchführbar. Eine randomisierte Auswahl der Teilnehmer, die randomisierte Einteilung in Gruppen sowie dieselbe Behandlungsmethode für alle können nicht wie üblich vorgenommen werden (Schnoll *et al.* 2003). Auch ein Mangel an einem oder mehreren Nährstoffen kann einerseits endemisch bedingt sein (wie z. B. Jodmangel, vgl. 3.3.4), andererseits aber auch auf ungünstigen Ernährungsweisen oder auf individuell höheren Nährstoffbedarfen beruhen. Viele Autoren vermuten bei ADHS erhöhte Bedarfe an bestimmten Nährstoffen aufgrund genetischer Prädispositionen oder einer umweltbedingt höheren Anfälligkeit für Nährstoffdefizite.

In diesem Zusammenhang gewinnen teilweise individuell zugeschnittene Studiendesigns, in denen die Behandlung im Verlauf der Intervention individuell nach einem definierten Schema angepasst wird, mehr an Bedeutung. Ein wichtiges Ziel für künftige Studien besteht darin, aufgrund von Laboruntersuchungen gezielt und individuell nutritive Risikofaktoren zu identifizieren und die Effekte einer darauf aufbauenden gemischten Supplementierung von Nährstoffen zu messen. Auch die Differenzierung zwischen Subtypen der ADHS und nach Geschlecht, wie sie bereits in vielen Studien vorgenommen wurde, kann diesbezüglich von Bedeutung sein, um eventuelle Gemeinsamkeiten und Unterschiede zu identifizieren.

2. Literaturverzeichnis (inklusive weiterführender Literatur)

AACAP (American Academy of Child and Adolescent Psychiatry) (2007): Practice parameter for the assessment and treatment of children and adolescents with attention-deficit/hyperactivity disorder. J. Am. Acad. Child Adolesc. Psychiatry; 46: 894-929

AAP (American Academy of Pedriatics) (2008): Editor´s note. In: Schonwald Alison (2008): ADHD and food additives revisited. AAP Grand Rounds 2008;19;17

Agranat-Meged AN, Deitcher C, Goldzweig G, Leibenson L, Stein M, Galili-Weisstub E (2005): Childhood obesity and attention deficit/hyperactivity disorder: a newly described comorbidity in obese hospitalized children. Int J Eat Disord; 37: 357–359

Akhondazeh S, Mohammadi M-R, Khademi M (2004): Zinc sulfate as an adjunct to methylphenidate for the treatment of attention deficit hyperactivity disorder in children: A double blind and randomized trial. BMC Psychiatry; 4: 9-14

Àlvarez-Pedrerol M, Ribas-Fitó N, Torrent M, Julvez J, Ferrer C, Sunyer J (2007): TSH concentration within the normal range is associated with cognitive function and ADHD symptoms in healthy preschoolers. Clinical Endocrinology; 66: 890-898

Anonymous (2008): Joint Statement to Mrs Androulla Vassiliou, European Health Commissioner.
http://www.actiononadditives.com/images2/Joint_statement_to_EUCommission.pdf (18.11.2008)

Anonymous (2003): AFA-Algen. Das blaue Wunder? UGB-Forum:213-214
Arnold LE, Amato A, Bozzolo H, Hollway J, Cook A, Ramadan Y, Crowl L,

Zhang D, Thompson S, Testa G, Kliewer V, Wigal T, McBurnett K, Manos M. (2007): Acetyl-L-carnitine (ALC) in attention-deficit/hyperactivity disorder: a multi-site, placebo-controlled pilot trial. Journal of Child and Adolescent Psychopharmacology; 17: 791-802

Arnold, LE, DiSilvestro R (2005): Zinc in attention–deficit/hyperactivity disorder. Journal of Child and Adolescent Psychpharmacology; 15: 619-627
Bachmair A (o. J.): Ritalin. http://xn--hyperaktivitt-mfb.com/ (18.11.2008)
Baenkler H-W (2008): Salicylatintoleranz. Pathophysiologie, klinisches Spektrum, Diagnostik und Therapie. Deutsches Ärzteblatt; 105: 137-142

Baerlocher K (1991): Ernährung und Verhaltensstörungen – Einführung zum Thema. In: Baerlocher K, Jelinek J (Hg.): Ernährung und Verhalten. Ein Beitrag zum Problem kindlicher Verhaltensstörungen. Stuttgart: Thieme, 1-10
Banaschewski T, Roessner V, Uebel H, Rothenberger A (2004): Neurobiologie der Aufmerksamkeits-Defizit/-Hyperaktivitätsstörung (ADHS). Kindheit und Entwicklung; 13: 137-147

Bateman B, Warner JO, Hutchinson E, Dean T, Rowlandson P, Gant C, Grundy J, Fitzgerald C, Stevenson J (2004): The effects of a double blind, placebo controlled, artificial food colourings and benzoate preservative challenge on hyperacivity in a general population sample of preschool children. Arch. Dis. Child.; 89:506-511

Bazar KA, Yun AJ, Lee PY, Daniel SM, Doux JD (2006): Obesity and ADHD may represent different manifestations of a common environmental oversampling syndrome: a model for revealing mechanistic overlap among cognitive, metabolic, and inflammatory disorders. Medical Hypotheses; 66: 263–269

BBC NEWS (2007): Drugs for ADHD 'not the answer'. Published: 2007/11/12 12:36:09 GMT. http://news.bbc.co.uk/go/pr/fr/-/1/hi/uk/7090011.stm (18.11.2008)

Beard JL, Connor JR (2003): Iron status and neural functioning. Ann. Rev. Nutr; 23: 41–58

Bekaroğlu M, Yakup A, Değer O, Mocan H, Erduran E, Karahan C (1996): Relationships between serum free fatty acids and zinc, and attention deficit hyperactivity disorder. J. Child Psychol. Psychiatr.; 37: 225-227

Belitz H-D, Grosch W, Schieberle P (2001): Lehrbuch der Lebensmittelchemie. 5., vollständig bearbeitete Auflage. Springer: Berlin

BfR (Bundesinstitut für Risikobewertung) (2007): Hyperaktivität und Zusatzstoffe – gibt es einen Zusammenhang? Stellungnahme Nr. 040/2007 des BfR vom 13. September 2007.
http://www.bfr.bund.de/cm/208/hyperaktivitaet_und_zusatzstoffe_gibt_es_eine n_zusammenhang.pdf (18.11.2008)
BfR (Bundesinstitut für Risikobewertung) (2004): Nutzen und Risiken der Jodmangelprophylaxe in Deutschland. Aktualisierte Stellungnahme des BfR vom 1. Juni 2004.
http://www.bfr.bund.de/cm/208/nutzen_und_risiken_der_jodprophylaxe_in_de utschland.pdf (18.11.2008)

BfR (Bundesinstitut für Risikobewertung) (2006): Jod, Folsäure und Schwangerschaft – Ratschläge für Ärzte.
http://www.bfr.bund.de/cm/238/jod_folsaeure_und_schwangerschaft_ratschlae ge_fuer_aerzte.pdf

BfR (Bundesinstitut für Risikobewertung) (2005): Hinweise auf eine mögliche Bildung von Benzol aus Benzoesäure in Lebensmitteln. Stellungnahme Nr. 013/2006 des BfR vom 1. Dezember 2005.
http://www.bfr.bund.de/cm/208/hinweise_auf_eine_moegliche_bildung_von_b enzol_aus_benzoesaeure_in_lebensmitteln.pdf (18.11.2008)

BfArM (2002): BfArM und BgVV warnen: Nahrungsergänzungsmittel aus AFA-Algen können keine medizinische Therapie ersetzen. *Gemeinsame*

Pressemitteilung des Bundesinstituts für Arzneimittel und Medizinprodukte (BfArM) sowie des Bundesinstituts für gesundheitlichen Verbraucherschutz und Veterinärmedizin (BgVV):
http://www.bfarm.de/nn_1194774/DE/BfArM/Presse/mitteil2002/pm04-2002.html (18.11.2008)

Biederman J, Ball SW, Monuteaux MC, Sturman CB, Johnson JL, Zeitlin S (2007): Are girls with ADHD at risk for eating disorders? Results from a controlled, five-year prospective study. J Dev Behav Pediatr; 28: 302-307

Bilici M, Yıldırım F, Kandil S, Bekaroğlu M, Yıldırmış S, Değer O, Ülgen M, Yıldıran A, Aksu H (2004): Double-blind, placebo-controlled study of zinc sulfate in the treatment of attention deficit hyperactivity disorder. Progress in Neuro-Psychopharmacology & Biological Psychiatry; 28: 181– 190

Bundesamt für Gesundheit, Direktionsbereich Verbraucherschutz, Abteilung Lebensmittelsicherheit, Sektion Chemische Risiken (2006): Beurteilung des Risikos von Benzen (Benzol) in alkoholfreien Getränken, insbesondere Limonaden.
http://www.bag.admin.ch/themen/lebensmittel/04861/04910/index.html?lang=de&download=M3wBUQCu/8ulmKDu36WenojQ1NTTjaXZnqWfVpzLhmfhnapm mc7Zi6rZnqCkkIZ1gXh/bKbXrZ2IhtTN34al3p6YrY7P1oah162apo3X1cjYh2+h oJVn6w (18.11.2008)

Bundesärztekammer (2005): Stellungnahme zur „Aufmerksamkeitsdefizit-/ Hyperaktivitätsstörung (ADHS)". Langfassung.
http://www.bundesaerztekammer.de/downloads/ADHSLang.pdf (18.11.2008)
Bundesverband Verbraucherinitiative e.V (o. J.).: Informationen zu Lebensmittelzusatzstoffen. http://www.zusatzstoffe-online.de/zusatzstoffe/ (18.11.2008)

Burgess JR, Stevens L, Zhang W, Peck L (2000): Long-chain polyunsaturated fatty acids in children with attention-deficit hyperactivity disorder. Am J Clin Nutr; 71: 327S-330S

BV AÜK (Bundesverband Arbeitskreis Überaktives Kind) (o.J.): Die Geschichte des BV AÜK. http://www.bv-auek.de/Seiten/Bundesverband/Geschichte.html (18.11.2008)

Carter S, Syed-Sabir H (2008):How to use: a rating score to diagnose attention deficit hyperactivity disorder. Arch. Dis. Child. Ed. Pract.;93;159-162

Colter AL, Cutler, Meckling CKA (2008): Fatty acid status and behavioural symptoms of Attention Deficit Hyperactivity Disorder in adolescents: A case-control study. Nutrition Journal; 7: 8-18

Cortese S, Bernardina BD, Mouren MC (2007): Attention-deficit/hyperactivity disorder (ADHD) and binge eating. Nutrition Reviews; 65: 404–411

Cortese S, Lecendeux M, Bernardina BD, Mouren MC, Sbarbati A, Konofal E (2008): Attention-deficit/hyperactivity disorder, Tourette's syndrome, and restless legs syndrome: The iron hypothesis. Medical Hypotheses;70: 1128–1132

COT (Committee on Toxicity in Food, Consumer Products and the Environment) (2007): Statement on research project (T07040) investigating the effect of mixtures of certain food colours and a preservative on behaviour in children. http://cot.food.gov.uk/pdfs/colpreschil.pdf (18.11.2008)

COT (Committee on Toxicity in Food, Consumer Products and the Environment) (2006): Statement on food additives and developmental neurotoxicity. http://cot.food.gov.uk/pdfs/cotstatementadditives.pdf (18.11.2008)COT (Committee on Toxicity in Food, Consumer Products and the Environment) (2001): Statement on a research project investigating the effect of food additives on behaviour. http://cot.food.gov.uk/pdfs/COTFoodAdditivesStatement.pdf (18.11.2008)

Crinella FM (2003): Does soy-based infant formula cause ADHD? Expert Rev. Neurotherapeutics; 3: 145-148

Daniel H, Erll G (1991): β-Casomorphine und andere opioidwirksame Peptide aus Nahrungsproteinen. In: Baerlocher K, Jelinek J (Hg.): Ernährung und Verhalten. Ein Beitrag zum Problem kindlicher Verhaltensstörung. Stuttgart: Thieme, 49-57

Daniel H (1991): Risiken diätetischer Maßnahmen – eine ernährungsphysiologische Bewertung. In: Baerlocher K, Jelinek J (Hg.): Ernährung und Verhalten. Ein Beitrag zum Problem kindlicher Verhaltensstörung. Stuttgart: Thieme, 110-117

Das Banerjee T, Middleton F, Faraone SV (2007): Environmental risk factors for attention-deficit hyperactivity disorder. Review article; Foundation Acta Pædiatrica/*Acta Pædiatrica*; 96: 1269–1274

Dengate S, Ruben A (2002): Controlled trial of cumulative behavioural effects of a common bread preservative. J. Paediatr. Child Health; 38: 373–376

DGE-Arbeitsgruppe „Diätetik in der Allergologie" (2004): Begriffsbestimmungen und Abgrenzung von Lebensmittel-Unverträglichkeiten. DGEinfo; 2: 19–23

DGE (Deutsche Gesellschaft für Ernährung) (2000): Referenzwerte für die Nährstoffzufuhr. 1. Auflage, 2. korrigierter Nachdruck 2001. Frankfurt a. M.: Umschau/Braus

Döpfner M, Breuer D, Schürmann S, Wolff Metternich T, Rademacher C, Lehmkuhl G (2004): Effectiveness of an adaptive multimodal treatment in children with Attention-Deficit Hyperactivity Disorder – global outcome. Eur Child Adolesc Psychiatry [Suppl 1]; 13:I/117–I/129

Döpfner M (2000):Hyperkinetische Störungen. Hogrefe: Göttingen

Döpfner M (o.J.): Kölner Adaptive Multimodale Therapiestudie.
http://www.zentrales-adhs-
netz.de/i/aktuelles1.php?sess_id=ce2d5a453cf10c660859cfdb30548c69&link_
id=;3;1;# (18.11.2008)
Dr. Oetker (o. J): Original Backin Backpulver. Zutaten (Packungsangabe,
Stand: 2008)

EFSA (European Food Security Authority) (2008a): Former Panel on additives,
flavourings, processing aids and materials in contact with food.
http://www.efsa.europa.eu/EFSA/ScientificPanels/efsa_locale-
1178620753812_AFC.htm (18.11.2008)

EFSA (European Food Security Authority) (2008b): Assessment of the results
of the study by McCann *et al.* (2007) on the effect of some colours and sodium
benzoate on children's behaviour. Scientific opinion of the Panel on Food
Additives, Flavourings, Processing Aids and Food Contact Materials (AFC).
Adopted on 7 March 2008.
http://www.efsa.europa.eu/EFSA/Scientific_Opinion/afc_ej660_McCann_study
_op_en.pdf (18.11.2008)

EFSA (European Food Security Authority) (2007a): EFSA to consider new UK
study on behavioural changes associated with certain food colours. EFSA
Statement. Internet: http://www.efsa.europa.eu/EFSA/efsa_locale-
1178620753812_1178637756847.htm (18.11.2008)

EFSA (European Food Security Authority) (2007b): Opinion of the Scientific
Panel on Food Additives, Flavourings, Processing Aids and Materials in
Contact with Food on the food colour Red 2G (E128) based on a request from
the Commission related to the re-evaluation of all permitted food additives.
Question number EFSA-Q-2007-126.
http://www.efsa.europa.eu/EFSA/Scientific_Opinion/afc_ej515_red2g_op_en,0
.pdf (18.11.2008)

EFSA (European Food Security Authority) (2005): Opinion of the Scientific Panel on Dietetic Products, Nutrition and Allergies on a request from the Commission related to the tolerable upper intake level of phosphorus (request N° EFSA-Q-2003-018). EFSA Journal; 233: 1-19

Egger J, Stolla A, McEwan ML (1992): Controlled trial of hypersensitisation in children with food-induces hyperkinetic syndrome. Lancet; 339: 1150-1153

Egger J (1991): Das hyperkinetische Syndrom: Ätiologie, Diagnose und Therapie unter besonderer Berücksichtigung der Ernährung. In: In: Baerlocher K, Jelinek J (Hg.): Ernährung und Verhalten. Ein Beitrag zum Problem kindlicher Verhaltensstörung. Stuttgart: Thieme, 82-91
Egger J, Graham J, Carter CM, Gumley D, Soothill JF (1985): Controlled trial of oligoantigenic treatment in the hyperkinetic syndrome. Lancet; 325: 540-545

Europäische Kommission (2007) : Verordnung (EG) Nr. 884/2007 der Kommission vom 26. Juli 2007 über Dringlichkeitsmaßnahmen zur Aussetzung der Verwendung von E 128 Rot 2G als Lebensmittelfarbstoff. http://eur-lex.europa.eu/LexUriServ/site/de/oj/2007/l_195/l_19520070727de00080009.pdf (18.11.2008)

Faraji S (2007): Biomedizinische Untersuchungen und Behandlungsmethoden beim Autistischen Syndrom und AD(H)D. Grundlagen und Praxis. Wetzlar

Faraone SV, Biederman J (1998): Neurobiology of attention-deficit hyperactivity disorder. Review Article. Biol Psychiatry 1998;44, 951–958
Feingold BF (1975): Why Your Child Is Hyperactive. Toronto: Random House

FHF (Associate Parliamentary Food and Health Forum) (2008): The links between diet and behaviour. The influence of nutrition on mental health. Report of an inquiry held by the Associate Parliamentary Food and Health Forum, January 2008.

http://www.dietitiansmentalhealthgroup.org.uk/uploads/FHF%20inquiry%20rep
ort%20-
%20The%20Links%20Between%20Diet%20and%20Behaviour%20(January%
202008)1%5B1%5D.pdf (18.11.2008)

Frank MJ, Santamaria A, O´Reilly RC, Willcut E (2007): Testing computational models of dopamine and noradrenaline dysfunction in attention deficit/hyperactivity disorder. Neuropsychopharmacology; 32: 1583–1599

FSA (Food Standards Agency) (2008): Food Standards Agency communications on food additives and children´s behaviour. Report. Cragg Ross Dawson Quality Research, London.
http://www.food.gov.uk/multimedia/pdfs/board/fsa080404a5.pdf (18.11.2008)

Garten H (2001): Säure-Basen-Haushalt – eine Studie zur Evaluierung verschiedener Messmethoden. Teil 3. Originalia EHK 3/2001: 155-165

Gershon J (2002): A meta-analytic review of gender differences in ADHD. J Atten Disord; 5: 143-154

Hafer H (1986): Die heimliche Droge Nahrungsphosphat. Ursache für Verhaltensstörungen, Schulversagen und Jugendkriminalität. 4., neubearbeitete Auflage. Heidelberg: Kriminalistik Verlag

Harding K, Judah RD, Gant C (2003): Outcome-based comparison of Ritalin® versus food-supplement treated children with AD/HD. Altern Med Rev 2003; 8: 319-330

Heindl I (2003): AD(H)S-Problematik – Aspekte von Erziehung und Ernährung.
http://www.bv-auek.de/Seiten/Leseecke/Heindl-
AspekteVonErziehungUndErnaehrung-1004.pdf (18.11.2008)

Hiedl S (2004): Duodenale VIP-Rezeptoren in der Dünndarmmukosa bei Kindern mit nahrungsmittelinduziertem hyperkinetischen Syndrom.

Dissertation. http://edoc.ub.uni-muenchen.de/2089/1/Hiedl_Stephan.pdf (18.11.2006)

Hill P, Taylor E (2001): An auditable protocol for treating attention deficit/hyperactivity disorder. Arch Dis Child; 84: 404–409

Hirayama S, Hamazaki T, Terasawa K (2004): Effect of docosahexaonic acid-containing food administration on symptoms of attention-deficit/hyperactivity disorder – a placebo-controlled, double-blind study. European Journal of Clinical Nutrition 58; 467-473

Holtkamp K, Konrad K, Müller B, Heussen N, Herpetz S, Herpertz-Dahlmann B, Hebebrand J (2004): Overweight and obesity in children with attention-deficit/hyperactivity disorder. International Journal of Obesity; 28: 685–689

Homann H (2003): Sind angemessenes Verhalten, Konzentration und Aufmerksamkeit doch essbar?? Möglichkeiten und Grenzen einer Diät bei ADS. http://www.bv-auek.de/Seiten/Leseecke/Homann.pdf (18.11.2008)

Homuth K (1999): Ernährungsumstellung – eine Chance für mein hyperaktives Kind. Ein Erfahrungsbericht. Pala: Darmstadt

Huss M, Högl B (2005): Die ADHD-Profilstudie. Ein Bild von ADHS in Deutschland. die AKZENTE; Nr. 67/68: 2-5

Informationsdienst für Ärzte und Apotheker (2005): Atomoxetin (Strattera) bei ADHS. Arznei-Telegramm; 36: 33-35

Jacobson M, Schardt D (1999): Diet, ADHD & behavior. A quarter century review. Center for Science in the Public Interest, Washington D.C. http://www.cspinet.org/new/pdf/dyesreschbk.pdf (18.11.2008)

Jensen PS, Martin D, Cantwell DP (1997): Comorbidity in ADHD: implications for research, practice, and DSM-V. J Am Acad Child Adolesc Psychiatry; 36: 1065-1079

Jensen PS, Arnold LE, Swanson JM, Vitiello B, Abikoff HB, Greenhill LL, Hechtman L, Hinshaw SP, Pelham WE, Wells KC, Conners CK, Elliott GR, Epstein JM, Hoza B, March JS, Molina BSG, Newcorn JH, Severe JB, Wigal T, Gibbons RD, Hur K (2007): 3-year follow-up of the NIMH MTA Study. J. Am. Acad. Child Adolesc. Psychiatry; 46: 989-1002

Jiun-Rong C, Shiou-Fung H, Cheng-Dien H, Lih-Hsueh H, Suh-Ching Y (2004): Dietary patterns and blood fatty acid composition in children with attention-deficit hyperactivity disorder in Taiwan. Journal of Nutritional Biochemistry; 15: 467–472

Johnson M, Östlund S, Fransson G, Kadesjö B, Gillberg C (2008): Omega-3/omega-6 fatty acids for attention deficit hyperactivity disorder. A randomized placebo-controlled trial in children and adolescents. Journal of Attention Disorders OnlineFirst; doi:10.1177/1087054708316261

Joshi K, Ld S, Kale M, Patwerdhan B, Mahadik SP, Patni B, Chaudhari A, Bhave S, Pandit A (2006): Supplementation with flax oil and vitamin C improves the outcome of attention deficit disorder. Prostaglandins, Leukotrienes and Essential Fatty Acids; 74: 17-21

Kamsteeg J (2002): HPU – eine angeborene Porphyrinopathie. Zeitschrift für Umweltmedizin; 10, Heft 3: 1-2

Kleine-Tebbe J, Lepp U, Niggemann B, Werfel T (2005): Nahrungsmittelallergie und - unverträglichkeit: Bewährte statt nicht evaluierte Diagnostik. Deutsches Ärzteblatt; 102: A1965-A1969

Konofal E, Lecendreux M, Deron J, Marchand M, Cortese S, Zaïm M, Mouren MC, Arnulf I (2008): Effects of iron supplementation on attention deficit hyperactivity disorder in children. Pediatr Neurol; 38: 20-26

Konofal E, Cortese S, Marchand M, Mouren MC, Arnulf I, Lecendreux M (2007): Impact of restless legs syndrome and iron deficiency on attention-deficit/hyperactivity disorder in children. Sleep Medicine; 8: 711–715

Konofal E, Lecendreux M, Arnulf I, Mouren MC (2004): Iron deficiency in children with attention-deficit/hyperactivity disorder. Arch Pediatr Adolesc Med; 158: 1113-1115

Kooistra L, Crawford S, van Baar A, Brouwers E, Pop VJ (2005): Neonatal effects of maternal hypothyroxinemia. Pedriatics; 117: 161-167

Kordas K, Stoltzfus RJ, Lopez P, Rico JA, Rosado JL (2005): Iron and zinc supplementation does not improve parent or teacher ratings of behavior in first grade mexican children exposed to lead. J Pediatr; 147: 632-639

Krause K-H, Krause J (2007): Neurobiologische Grundlagen der Aufmerksamkeitsdefizit-/Hyperaktivitätsstörung. Ein Update. psychoneuro; 33: 404–410

Lukas WD, Campbell BC (1999): Evolutionary and ecological aspects of early brain malnutrition in humans. Human Nature; 11: 1-26

Luppa M (2002): Ausgleich belastungsbedingter L-Carnitinverluste mit der Nahrung schützt vor vielfältigen Funktionsstörungen. Klinische Sportmedizin/Clinical Sports Medicine – Germany; 3: 61-67

McCann D, Barrett A, Cooper A, Crumpler D, Dalen L, Grimshaw K, Kitchin E, Lok K, Porteous L, Prince E, Sonuga-Barke E, Warner JO, Stevenson J (2007): Food additives and hyperactive behaviour in 3-year-old and 8/9-year-old children in the community: a randomised, double-blinded, placebo-controlled trial. Lancet; 370: 1560-1567

Mensink GBM, Heseker H, Richter A, Stahl A, Vohmann C (2007): Ernährungsstudie als KiGGS-Modul (EsKiMo). Forschungsbericht. Im Auftrag des Bundesministerium für Ernährung, Landwirtschaft und Verbraucherschutz. http://www.bmelv.de/nn_885416/SharedDocs/downloads/03-Ernaehrung/EsKiMoStudie,templateId=raw,property=publicationFile.pdf/EsKiMoStudie.pdf (18.11.2008)

Meyer R (2001): Nahrungsmittelinduzierte ADHD-Symptomatik. Aktualisierte Version vom 28.02.07. http://www.bv-

auek.de/Seiten/Leseecke/NahrungsmittelinduziertesADHD-280207.pdf
(18.11.2008)

Millichap JG (2004): Etiologic classification of attention-deficit/hyperactivity
disorder. Pedriatics; doi:10.1542/peds.2007-1332

NLM (National Library of Medicine) (o. J): Chem IDplus Lite.
http://chem.sis.nlm.nih.gov/chemidplus/ProxyServlet?objectHandle=DBMaint&acti
onHandle=default&nextPage=jsp/chemidlite/ResultScreen.jsp&TXTSUPERLISTI
D=000051616 (18.11.2008)

Mousain-Bosc M, Roche M, Polge A, Pradal-Prati D, Rapin J, Bali J-P (2006):
Improvement of neurobehavioral disorders in children supplemented with
magnesium-vitamin B6. I. Attention deficit hyperactivity disorders. Magnesium
Research; 19: 46-52

Mousain-Bosc M, Roche M, Rapin J, Bali J-P (2004): Magnesium VitB6 intake
reduces central nervous system hyperexcitability in children. Journal of the
American College of Nutrition; 23: 545S–548S

Niederhofer H, Pittschieler K (2006): A preliminary investigation of ADHD
symptoms in patients with celiac disease. J. of Att. Dis.; 10: 200-204

Novartis Pharma GmbH. (2007): Gebrauchsinformation: Information für den
Anwender. Ritalin 10 mg Tabletten (Methylphenidat Hydrochlorid). Stand:
September 2007. Wien

Oner O, Alkar OY, Oner P (2008): Relation of ferritin levels with symptom ratings
and cognitive performance in children with attention deficit – hyperactivity
disorder. Pediatrics International; 50: 40–44

Ottoboni N, Ottoboni A (2003): Can attention deficit-hyperactivity disorder result
from nutritional deficiency? Journal of American Physicians and Surgeons; 8: 58-
60

Panzer B (2006): ADHD and childhood obesity. Guilford Press. The ADHD
Report; 2006: 9-16

Pelsser LMJ, Frankena K, Toorman J, Savelkoul HFJ, Pereira RR, Buitlaar JK (2008): A randomised controlled trial into the effects of food on ADHD. Eur Child Adolesc Psychiatry; 21.04.2008 (Epub ahead of print). http://www.adhdenvoeding.nl/uploads/File/ADHD_and_Food,_ECAP_2008,_Pels ser_et_al.pdf (18.11.2008)

Pelsser LMJ, Buitelaar JK (2002): Der günstige Einfluss einer standardisierten Eliminationsdiät auf das Verhalten jüngerer Kinder mit Aufmerksamkeits-Defizit-Syndrom (ADHD), eine explorative Untersuchung. Aus dem Niederländischen übersetzt von de Koop M und Müller C. http://www.bv-auek.de/Seiten/ADHD/Nahrungsmittelinduziertes_ADHD/PelsserOriginaluntersuc hung2003.pdf (18.11.2008)

Preis H (2006): Zur Frage des Einflusses von Nahrungsmitteln und Nahrungsmittelzusatzstoffen auf das Verhalten von Kindern mit Aufmerksamkeitsdefiziten und Hyperaktivitätsstörungen. The influence of food and food additives on the behaviour of children with attention-deficit and hyperactivity disorder. Ludwigshafen: Verlag für Medienpraxis und Kulturarbeit

Preis H (1999): Einfluß von Nahrungsmitteln auf das Verhalten von Kindern mit Aufmerksamkeitsdefiziten und Hyperaktivitätsstörungen. Influence of food stuffs on the behaviour of children with attention-deficit and hyperactivity disorder. Ludwigshafen: Verlag für Medienpraxis und Kulturarbeit

Pzyrembel H, Schwenk M (2007): Die (Krypto-)Pyrrolurie in der Umweltmedizin: eine valide Diagnose? Mitteilung der Kommission „Methoden und Qualitätssicherung in der Umweltmedizin". Bundesgesundheitsbl - Gesundheitsforsch – Gesundheitsschutz 50: 1324-1330

Rapp D (1991): Is This Your Child? Discovering and Treating Unrecognized Allergies in Children and Adults. Quill: New York

Reese I ,Binder C, Bunselmeyer B,Cnstien A, Kugler C, Körner U, Schäfer C, Werning A, Ziegert M (2006): Eliminationsdiäten bei Nahrungmittelallergie und anderen Unverträglichkeitsreaktionen. In: Werfel T, Reese I (Hg.): Diätetik in der Allergologie. Diätvorschläge, Positionspapiere und Leitlinien zu Nahrunsmittelallergie und anderen Unverträglichkeiten. München: Dustri, 1-5

Reuter P (2004): Springer Lexikon Medizin. Berlin: Springer

Richardson AJ (2003): The importance of omega-3 fatty acids for behaviour, cognition and mood. Scandinavian Journal of Nutrition; 47: 92-98

Richardson AJ (2002): Fatty acids in dyslexia, dyspraxia and ADHD. Can nutrition help? Food and Behaviour Research. http://www.productivitybooster.com/downloads/Adhd/richardson.pdf (18.11.2008)

Ritzka M (2006): Öl aus marinen Mikroalgen als Quelle für Omega-3-Fettsäuren. http://www.waswiressen.de/verbraucher/novel_food_6458.php (18.11.2008)

Rona RJ, Keil T, Summers C, Gislason D, Zuidmeer L, Soldergren E, Sigurdardottir ST, Lindner T, Goldhahn K, Dahlstrom J, McBride D, Madsen C (2007): The prevalence of food allergy: A meta-analysis. J Allergy Clin Immunol;120: 638-46

Schab DW, Trinh N-HAT (2004): Do artificial food colors promote hyperactivity in children with hyperactive syndromes? A meta-analysis of double-blind placebo-controlled trials. Review article. J Dev Behav Pediatr; 25:423-434

Schlack R, Holling H, Kurth B-M, Huss M (2007): Die Prävalenz der Aufmerksamkeitsdefizit-/Hyperativitätsstörung (ADHS) bei Kindern und Jugendlichen in Deutschland. Erste Ergebnisse aus dem Kinder- und Jugendgesundheitssurvey (KiGGS). Bundesgesundheitsbl – Gesundheitsforsch – Gesundheitsschutz; 50: 827-835

Schmidt ME, Kruesi MJP, Elia J, Borcherding BG, Elin RJ, Hosseini JM, McFarlin KE, Hamburger S (1994): Effect of dextroamphetamine and methylphenidate on calcium and magnesium concentration in hyperactive boys. Psychiatry Research, 54: 199-210

Schnoll R, Burshteyn D, Cea-Aravena J (2003): Nutrition in the treatment of attention-deficit hyperactivity disorder: A neglected but important aspect. Applied Psychophysiology and Biofeedback; 28: 63-75

Shattock P, Whiteley P (2002): Biochemical aspects in autism spectrum disorders: updating the opioid-excess theory and presenting new opportunities for biomedical intervention. Expert Opin. Ther. Targets; 6(2):1-9

Sinn N (2008a): Cognitve effects of polyunsaturated fatty acids in children with attention deficit hyperactivity disorder symptoms: A randomized controlled trial. Prostaglandins, Leukotrienes and Essential Fatty Acids; 78: 311-326

Sinn N (2008b): Nutritional and dietary influences on attention deficit hyperactivity disorder. Nutrition Reviews; 66: 558-568

Sinn N, Howe PRC (2008): Health benefits of omega-3 fatty acids may be mediated by improvements in cerebral vascular function. Bioscience Hypotheses;1:103-108

Smith TJ (2008): Update on artificial food colours. http://www.foodstandards.gov.uk/multimedia/pdfs/coloursletter.pdf (18.11.2008)

Soldin OP, Nandedkar AKN, Japal KM, Stein M, Mosee S, Magrab P, Lai S, Lamm SH (2002): Newborn thyroxine levels and childhood ADHD. Clinical Biochemistry; 35, 131–136

Sorgi PJ, Hallowell EM, Hutchins HL, Sears B (2007): Effects of an open-label pilot study with high dose EPA/DHA concentrates on plasma phospholipids and behavior in childen with attention deficit hyperactivity disorder. Nutrition Journal; 6: 16. http://www.nutritionj.com/content/6/1/16 (18.11.2008)

Stevenson J, Sonuga-Barke E, Warner J (2007): Chronic and acute effects of artificial colours and preservatives on children´s behaviour. Project code: T07040. School of Psychology, University of Southampton. http://www.food.gov.uk/multimedia/pdfs/additivesbehaviourfinrep.pdf (18.11.2008)

Swaminathan R (2003): Magnesium metabolism and its disorders. Clin Biochem Rev; 24: 47-66

Swanson J, Arnold LE, Kraemer H, Hechtman L, Molina B, Hinshaw S, Vitiello B, Jensen P, Steinhoff K, Lerner M, Greenhill L, Abikoff H, Wells K, Epstein J, Elliott G, Newcorn J, Hoza B, Wigal T (2008): Evidence, interpretation, and qualification from multiple reports of long-term outcomes in the Multimodal Treatment Study of Children with ADHD (MTA): Part II: Supporting details. J Atten Disord; 12: 15-44

Taylor E, Doepfner M, Sergeant J, Asherton P, Banaschewski T, Buitelaar J, Coghill D, Danckaerts M, Rothenberger A, Sonuga-Barke E, Steinhausen H-C, Zuddas A (2004): European clinical guidelines for hyperkinetic disorders. A first upgrade. Eur Child Adolesc Psychiatry; 13 (suppl 1):I/7-I/30

Uhlig T, Merkenschlager A, Brandmaier R, Egger J (1997): Topographic mapping of brain electrical activity in children with food-induced attention deficit hyperkinetic disorder. Eur J Pediatr;156: 557- 561

Vaisman N, Kaysar N, Zaruk-Adasha Y, Pelled D, Brichon G, Zwingelstein G, Bodennec J (2008): Correlation between changes in blood fatty acid composition and visual sustained attention performance in children with inattention: effect of dietary n-3 fatty acids containing phospholipids. Am J Clin Nutr; 87: 1170-1180

Van Outheusden LJ, Scholte HR (2002): Efficiacy in the treatment of children with attention-deficit hyperactivity disorder. Prostaglandins, Leukotriens and Essential Fatty Acids; 67: 33-38

Verbraucherzentrale Hessen (2008): „Azofarbstoffe und Chinolingelb in Süßigkeiten und Softdrinks für Kinder". Untersuchungsbericht zum Marktcheck. http://www.verbraucher.de/download/BerichtAzofarbstoffe.pdf (18.11.2008)

Vermiglio F, Lo Presti VP, Moleti M, Sidoti M, Tortorella G, Scaffidi G, Castagna MG, Mattina F, Violi MA, Crisa A, Artemisia A, Trimarchi F (2004): Attention deficit and hyperactivity disorders in the offspring of mothers exposed to mild-moderate iodine deficiency: a possible novel iodine deficiency. J Clin Endocrinol Metab; 89: 6054–6060

Vetter VL., Elia J, Erickson C, Berger S, Blum N., Uzark K, Webb CL (2008): Cardiovascular monitoring of children and adolescents with heart disease receiving stimulant drugs. A scientific statement from the American Heart Association Council on Cardiovascular Disease in the Young Congenital Cardiac Defects Committee and the Council on Cardiovascular Nursing. Circulation, published online Apr 21, 2008; doi: 10.1161/CIRCULATIONAHA.107.189473

Weiland U, Widenhorn-Müller K (2008): Langkettige mehrfach ungesättigte Fettsäuren – eine zusätzliche Behandlungsmöglichkeit bei Kindern mit ADHS? Nervenheilkunde; 9: 789-793

Welt Online (2008): EU geht gegen Lebensmittelfarben vor. 9. Juli 2008, 04.00 Uhr. http://www.welt.de/welt_print/article2193102/EU_geht_gegen_Lebensmittelfarben _vor.html (18.11.2008)

Werfel T, Wedi B, Kleine-Tebbe J, Niggemann B, Saloga J, Sennekamp J Vieluf I, Vieths S, Zuberbier T, Jäger L (2006): Vorgehen bei Verdacht auf eine pseudoallergische Reaktion durch Nahrungsmittelinhaltsstoffe. In: Werfel T, Reese I (Hg.): Diätetik in der Allergologie. Diätvorschläge, Positionspapiere und Leitlinien zu Nahrungsmittelallergie und anderen Unverträglichkeiten. München: Dustri, 145-152

Williamson CS (2008): Food additives and hyperactivity in children. Facts behind the headlines. British Nutrition Foundation, London. Nutrition Bulletin; 33: 4–7

Wüthrich B (2008): Begriffsbestimmung. In: Jäger L, Wüthrich B, Ballmer-Weber B, Vieths S (Hg.)(2008): Nahrungsmittelallergien und –intoleranzen. Immunologie – Diagnostik – Therapie - Prophylaxe. 3. Auflage. München: Urban & Fischer, 1-5

Wüthrich B, Frei PC, Bircher A, Dayer E, Hauser C, Pichler W, Schmid-Grendelmeier P, Spertini F, Olgiati D, Müller U (2005): Sinnlose Allergietests. Stellungnahme der Fachkommission der Schweizerischen Gesellschaft für Allergologie und Immunologie (SGAI) zur IgG/IG4-Bestimmung gegen Nahrungsmittel. Schweizerische Ärztezeitung; 86: 1565-1568

Zametkin AJ, Nordahl TE, Gross M, King AC, Semple WE, Rumsey J, Hamburger S, Cohen RM (1990): Cerebral glucose metabolism in adults with hyperactivity of childhood onset New England Journal of Medicine; 323: 1361-1366

Zelnik N, Pacht A, Obeit R, Lerner A (2004): Range of neurologic disorders in patients with celiac disease. Pediatrics; 113: 1672-1676

Zimmerman M (1999): The A.D.D. Nutrition Solution. A Drug-free 30-Day Plan. Owl Books: New York

Mehr zu diesem Thema finden Sie in „Aufmerksamkeitsdefizit-
/Hyperaktivitätsstörung (ADHS) bei Kindern und Ernährung" von Kristina
Bergmann. ISBN: 978-3-640-45132-6

http://www.grin.com/de/e-book/137577/

BEI GRIN MACHT SICH IHR WISSEN BEZAHLT

- Wir veröffentlichen Ihre Hausarbeit, Bachelor- und Masterarbeit

- Ihr eigenes eBook und Buch - weltweit in allen wichtigen Shops

- Verdienen Sie an jedem Verkauf

Jetzt bei www.GRIN.com hochladen und kostenlos publizieren